JN094860

クロス・ボーダー

～対馬で出会った動植物たち～

高嶋 孝行
Takayuki Takashima

文芸社

対馬は、面積が708.47㎢（属島含む）と沖縄本島や佐渡ヶ島、奄美大島に次いで日本で４番目に大きな島です。１年を通しての平均気温は15℃と、気候も暖かい場所です。

　この島は元々、日本列島と大陸の陸続きの部分でしたが、少なくとも今から２万年前に海面の上昇により島として取り残され、暖流の影響の下、そのままの自然が保たれました。

　そのためか、平地が少なくどこか山がちで、海岸も入りくんだ地形が見られ、その昔大陸だった時の面影がまだ残っているようでした。

　それでは、島の自然を覗いてみましょう！

浅茅湾

春──対馬は大陸からの風が吹き、温かな日差しが注ぐことから、島の所々では花々がいっせいに咲き誇ります。その中でも代表格と言えるのが、このチョウセンヤマツツジ。高さ１〜２ｍの低木から長さ60㎜の淡紫色の花を咲かせていました。

　名前からも分かる通り朝鮮半島に多く分布している大陸系のツツジの仲間です。

　日本では、ここ対馬にしか野性下で自生していないため、絶滅が心配されており、この植物の原生林が、日本の天然記念物として、今日も大切に守られています。

チョウセンヤマツツジ

花が咲くことによって、多くの昆虫たちが甘い蜜の香りに誘われて、遠くからやって来ます。このマルハナバチもその中の常連で、ツツジの花々を飛び交っていました。

　このハチのグループは、ミツバチより少し大きく、丸みを帯びて、毛が多いのが特徴的です。毒性も弱く、穏やかな性格から"飛ぶぬいぐるみ"とも呼ばれ、花の受粉も手助けします。

　高緯度地方に数多くの種類が分布している北方系の昆虫ですが、対馬の場合、日本の本土にいるグループと体の模様が違う固有亜種のツシマコマルハナバチに出会えます。

ツシマコマルハナバチ

対馬は、大陸系の動植物と、日本の本土と共通の動植物の両者が入り混じった場所でもあります。

　この山地の林床（りんしょう）では、春の野草として名高いヒトリシズカもひっそりと生えていました。

　高さ10〜30㎝で、長さ20〜30㎜のブラシみたいな形をした白い花が、光沢（こうたく）があるギザギザした葉に支えられているように咲きます。日本では、北海道から九州にかけて分布しています。

　武将・源義経（みなもとのよしつね）が愛した静御前（しずかごぜん）という女性が一人で舞っている姿に見立てられたことからその名前が付けられました。観察していて、確かにその通りに綺麗（きれい）だと思いました。

ヒトリシズカ

ヒトリシズカが生えている林床から、少し離れた場所で、もう一つ別の植物を目にしました。自分も初めて見る植物で、ガイドの方にギンリョウソウと教えていただきました。

　高さ10㎝のこの植物は、自分では光合成をせず、樹木と共生する菌類にくっついては養分を横取りする珍しい性質をもっています。こうした植物を"腐生植物"と呼びます。

　その独特の姿から、ユウレイタケの別名ももち、日本だけでなく極東ロシア、朝鮮半島、中国、台湾、インドシナ、ミャンマー、ヒマラヤまでの広い範囲で見ることができます。

ギンリョウソウ

時を同じくして、山を流れる小川の中にも新たな命が息づいていました。一見、オタマジャクシに見えるこの小動物ですが…じつは、ツシマサンショウウオの赤ちゃん。

　トカゲのような姿の親と違う形をしているため、この状態の時を"幼生"と呼びます。頭の横に付いている突起でバランスを保ち、水生昆虫などを食べて大きくなります。成長すると体長12㎝ほどになります。

　この両生類は、何と…地球上では、対馬にのみ生息する固有種！　希少性が高く、生育地となる山地の環境の保全に努めていくことが大切だと思いました。

ツシマサンショウウオ・幼生

自分は故郷の山地にて、マムシグサという
サトイモの仲間とも時々出会うことがありま
す。ここ対馬でも、山の所々で筒状の花を咲
かせていました。

　　テンナンショウのグループは、温帯や熱帯
地方に分布していて、姿もどこか独特です。
高さ30㎝を超え、全体的に黄緑色をしていて、
花のところには白い筋が目立ちます。

　　ですが、こうしたユニークな植物は同時に
人間の脅威にもさらされ、近年では山中にて
盗掘されたケースもあります。よって今後も
厳重な生育地の保護が必要とされるのです。

マムシグサ

対馬には、年間2000㎜を超える雨が降ります。これにより豊かな森が形作られ様々な植物と出会えます。

　今度、目に飛び込んできたのは、高さ15ｍにもなる常緑高木のカゴノキで、クスノキの仲間に含まれます。名前の通り、樹皮が鹿の子<ruby>模<rt>か</rt></ruby>様をしているのが特徴的です。

　幹の成長も早く、硬くて<ruby>頑丈<rt>がんじょう</rt></ruby>なことから、器具や楽器、<ruby>薪炭<rt>しんたん</rt></ruby>の材料、建材などにも用いられます。

　8〜9月になるとクリーム色の地味な花が咲きます。日本では本州の関東、福井以南、四国、九州に分布し、朝鮮南部でも見ることができます。

カゴノキ

山道を進んでカエデの林のところにやって来ました。

　ん？　コンコンと何か木を叩く音が…

「ギー」と声をあげ、黒と白のまだら模様をしたキツツキの仲間のコゲラが現れました。

　スズメと同じくらいの大きさですが、何と一羽あたり20ha ものなわばりをもち、一度繁殖すると生涯同じ場所に居続けます。幹で昆虫などを探しては食べて暮らしています。

　日本の本土だけでなく、極東ロシアや朝鮮北部、中国東北部にも分布をしていますが、ここ対馬や隠岐諸島にいるグループは、ツシマコゲラとして固有亜種に分けられています。

ツシマコゲラ

一方こちらでは…白くて細長い花が一面に咲いていました。これが、対馬市の木に指定されているヒトツバタゴ。高さが20ｍもある落葉高木で、ナンジャモンジャとも呼ばれています。

　おや？　枝のところに、頬が赤い小鳥がいます。こちらは、コホオアカという旅鳥で、スズメと同じくらいの大きさです。林や草原などで主に昆虫や種子を食べて暮らします。

　どちらも、日本の本土では見かける機会が少ない大陸系の種類。このような一味違った風景に出会えたことも、国境の島と呼ばれる対馬の滞在で得た収穫の一つでした。

ヒトツバタゴとコホオアカ

対馬は九州と朝鮮半島の間に位置するので、東アジアを行き来する渡り鳥たちの中継地となっています。そのため一年を通じて珍しい種類も多数見ることができます。

　このシベリアアオジもその一つに数えられ、極東ロシアや朝鮮、中国東北部で繁殖をする大陸系のアオジの亜種です。旅鳥として春に対馬や本州に少数が渡って来るくらいです。

　全長は16cmほどで、日本の本土のアオジと習性や大きさは同じですが、体の色が黒っぽいのが特徴です。

　この時は偶然にも枝先に止まっていたのを見られたので、本当に幸運だと思いました。

シベリアアオジ

今度は、レンゲの花が一面に広がっている畑にやって来ました。

　そこに一羽でじっと佇んでいたのが、夏の渡り鳥で本州から九州の水田や湿地にやって来るアマサギです。

　全長約50㎝で、頭から首にかけて橙黄色をしているのが亜麻色に例えられ、この名前が付けられました。シラサギ類の仲間でもあるため、白い体も見映えが良かったです。

　この鳥は、ウシなどの大型草食獣にたかるハエや、トラクターで掘り起こされたバッタを捕らえるなど、生態系において害虫を退治する重要な役どころを担っています。

アマサギ

先ほどのレンゲ畑に連なる水田へと進んで来ました。こちらには、大陸から渡って来た旅鳥のアオアシシギが羽を休めていました。

　緑青色の長い脚が特徴的です。全長約35㎝で、頭から背中の部分が地味な灰色をしていますが、これが周辺の環境へと溶け込んで、保護色となります。そのためか、天敵から見つかりにくいことが多いです。

　このお蔭もあって、出会った時には、その細長く上反ったクチバシを水面に付けては、小魚やカニ、オタマジャクシなどを安心して探していたように思いました。

アオアシシギ

人里近くの畑にも目を向けてみましょう。白と黒のツートンカラーの鳥が、地面で餌の昆虫をつついていました。日本では普通に見られる鳥・ハクセキレイのようですが…

　じつはこちら、西南日本に稀な旅鳥として渡って来る大陸系の亜種・タイワンハクセキレイでした。

　全長21㎝ほどで、日本の本土のグループと生態は同じですが、模様が違います。

　自分の故郷では、都市や橋、街路樹にいる印象が強い鳥の一つですが、本亜種と対馬で出会えたことで、鳥の本来いるべき環境を、あらためて勉強できたと思いました。

タイワンハクセキレイ

さて、足元や周囲だけじゃなく空の方にも目を向けてみましょう。すると、電線の上に今まで見たことのない鳥が止まっていましたが、これがブッポウソウでした。

　全長約30㎝で、黒い頭に光沢のある青緑色の体、そして赤いクチバシが特徴的な美しい鳥です。夏の渡り鳥として、本州から九州の山地に来るのですが、その範囲も、局地的だそうです。

　ガイドの方によると、よく電線に止まって飛んで来る昆虫を捕らえるそうです。きっと木の穴か人工物に巣を作り、相手を見つけてここ対馬でも子育てをしていたことでしょう。

ブッポウソウ

夜になりました。対馬は街よりも森が多く、灯（あか）りが少ないので、辺り一面は真っ暗でした。

　自分もライトをつけて車を走らせていた時、茂みの中からシカが姿を現したのでした。

　これは、ツシマジカという、日本の本土に分布するニホンジカの亜種。全長1.5mで、その昔、日本列島にいた化石種・ニホンムカシジカに近い原始的形態を残す貴重な種類だそうです。

　因（ちな）みに対馬の人口が約３万人なのに対して、シカは約４万頭と多く、当初は驚きました。

　ですが…行くたびに次々とシカが道に出て来たので、個人的には感動が薄れ、困ってしまいました…

ツシマジカ

時は流れて、季節は秋――。
　９月を過ぎると人里近くの水田や林縁^{りんえん}では、
赤い半透明の頭に黒くて固い翅^{はね}をもつ昆虫が、
夜に姿を現します。そう……日本の本土でも
馴染^{なじ}み深いホタルです。
「えっ？」と驚く方もいると思います。この
アキマドボタルは名前の通り秋に光る大陸系
の種類で、体長約20㎜。この個体はオスで、
メスはさらに大きく、白色で、幼虫に似た姿
です。
　この時は、オスはしきりに辺りを飛び回り、
翅が退化して飛べないメスを、ずっと探して
いるかのように光っていました。この時期の
対馬ならではの風景に出会えて良かったです。

アキマドボタル

ホタルとの出会いから一夜明けて、水田の一帯は朝靄（あさもや）に包まれていました。

　秋の涼しい空気が流れる畦道（あぜみち）の先に……何と、この対馬のシンボル・ツシマヤマネコの姿がありました。

　およそ10万年前に大陸から渡って来たベンガルヤマネコの亜種で、体長は70㎝を超えます。全体で100頭前後と絶滅が心配されているので、日本の天然記念物として守られています。

　どうやら、この個体は母親から生きる術（すべ）を学んで、独り立ちしたばかりの幼獣でした。いつか、生態系の頂点に立つ時が来ることを期待して、自分は水田を後にしたのでした。

ツシマヤマネコ・幼獣

靄が消えて、人里には晴れ間が差し込んできました。そんな時、畑の近くの木に一羽の黒い見慣れた鳥が止まっていました。

「何だ、カラスか…」と侮ってはいけません。

　カラスは鳥類の中でも頭が良く、人の顔を区別でき、道具も使うことができます。また、仲間とコミュニケーションを取り合い、サルと同様に社会を持っているのです。

　そしてこのカラスも、チョウセンハシブトガラスという、対馬だけに分布する固有亜種。日本本土のグループよりも少し小型の珍しいタイプなので、会えて良かったと思いました。

チョウセンハシブトガラス

カラスに続いて、この里山では、見慣れた動物の一つである馬と出会うことができます。こちらも対馬にしかいない対州馬（たいしゅうば）という種類で、体高は130㎝ほどと小柄ですが、力持ちの馬です。古くから木材や農作物、日用品などを運搬することに役立ち、体重80kg の人まで乗せることもできるうえ、急な山道を力強く進むこともでき、性格も温順なので、大切にされてきました。

　対馬では、40頭前後とツシマヤマネコより数が少ないことから、今日ではようやく対馬市の天然記念物に指定され、人々による保存活動が続けられています。

対州馬

対州馬と出会った場所から離れた原っぱで、これも馴染みのある昆虫・トノサマバッタを見つけました。この円筒形をした緑色の体にこげ茶色のまだら模様をした翅が特徴的です。

　オスよりもメスの方が大きいですが、ここ対馬では、日本の本土のグループよりも体が大きい大陸系のグループが生息しているため、オスで70mm、メスで80mmという大きさでした。

　長崎県では、レッドリスト（絶滅の恐れのある生物リスト）の一つに、このグループを対馬固体群として指定しています。こうした普通の昆虫も、場合によっては珍しい種類に分けられることがあるのです。

トノサマバッタ・対馬個体群

今度は湿り気のある林縁へと進んで来ました。ふと、落ち葉が積もった足元を見ると、小さな昆虫に出会いました。クワガタムシの仲間・スジクワガタです。

　名前の通り、翅に縦スジがあるのが特徴的です。朝鮮半島、台湾、中国、日本の北海道から九州にかけての広葉樹林で見られます。どうやら暑さが苦手で、涼しい水際を好んでいるようです。

　この個体は、体長約20㎜の小型のオスで、アゴも小さい形状をしていました。こうした体の大きさは、幼虫時代のエサや環境の状態によって左右されると考えられています。

スジクワガタ・小型オス

水際一帯には、苔むした岩石が無数に点在していました。そこで動き回っていたのが、アムールカナヘビです。

　この個体は夏の間に生まれた幼体のようで、他にも多数観察できました。

　茶褐色の体で、体長の約３分の２を占める長い尾をもち、成長すると体長は20㎝を超えます。昆虫やクモなどを食べて暮らしていますが、臆病な性格で、素早く逃げ去っていきました。

　極東ロシアのアムール川周辺を中心に分布している本種も、日本では対馬だけで見られる大陸系のトカゲ。ホタルやヤマネコと同様、クロス・ボーダーの体現者だと思いました。

アムールカナヘビ・幼体

カナヘビが逃げ去った後、しばらく進むと突然、崖の茂みから全長40㎝を超えるヘビが現れたので、びっくりしました！

　そう、毒ヘビの代表格であるマムシです！

　ですが、ここ対馬にいるのは日本の本土にいるグループとは体の模様などが違い、近年独立種として分類されたツシママムシ。性格も攻撃的なので、用心して観察しました。

　対馬では"ヒラクチ"と呼ばれ、カナヘビやサンショウウオ等を待ち伏せて捕らえます。噛まれたら死に至るほど毒も強力で、まさに"触らぬ神に祟りなし"だと思いました。

ツシママムシ

マムシが茂みの奥へ去った後、水際では、また別の動物が姿を見せてくれました。

　この見慣れた姿──巻貝の仲間・ナメクジですが、「たかがナメクジ……」と侮ってはいけません。

　じつは、これも固有種のツシマナメクジ。日本の本土のグループと大きさや生態は同じですが、何と言っても体がオレンジ色をしているのが最大の特徴です。

　今回の滞在では割と多く見られましたが、近い将来、絶滅する危険があるとも言われています。本当に対馬には貴重な動植物が多いということに、あらためて気付かされました。

ツシマナメクジ

対馬にはナメクジの他に、もう一つ巻貝の仲間が住んでいます。

　……そう、カタツムリです。

　ここで見られるのは、九州北部を中心に分布しているグループ・ツクシマイマイです。殻の大きさは40㎜ほどと、やや大型です。

　かつて対馬と壱岐に分布していたグループをツシママイマイと呼んでいましたが、現在では九州北部のグループと同一だと考えられています。

　主に森林の朽木の下に潜み、落ち葉や樹皮などを食べて暮らしています。マムシの後に出て来てくれたので、ナメクジと同様ほっと安心して観察することができました。

ツクシマイマイ

皆さん、よくご覧ください。この落ち葉の中に、ある動物が紛れているのが、お分かりいただけますでしょうか？　じつはこれも、対馬の固有種の一つ、ツシマアカガエルです。

　この赤茶色の体がちょうど保護色となり、上手く地面に溶け込むことができます。また体長35mmほどと小柄なため、天敵からも見つかりにくいのです。

　昆虫などを食べて暮らし、「キュッキュッ」と鳴いては、恋の相手を見つけます。きっと次の年の春……浅く流れのない水辺で、新しい命が生まれることでしょう。

ツシマアカガエル

いよいよ秋も大詰めを迎えました。それに
応えるかのように、草原では花盛りも最後の
勢いを見せます。

　その中で一羽の蝶が赤い模様の翅を休め、
花の蜜を吸っていました。開張約75㎜になる
中型の蝶──アカタテハです。

　他の蝶と違って前足のすねが退化している
こともそうですが、成虫で冬を越す数少ない
種類としても知られています。

　日光浴をしながら寒い時期を耐えて、再び
次の年の春へと飛び立つたくましさをもって
いる本種は、日本本土だけでなくインドから
オーストラリアまで幅広く分布しています。

アカタテハ

次第に季節は冬へと移っていきます。

　次の年の春を迎えられるかどうかが、動物たちにとって最大の課題となります。一体、どのようにして、寒さ厳しい時期を乗り切るのでしょうか？

　この西日本を中心に分布する全長約40㎜のホソミイトトンボは、他のトンボと違って、夏型と越冬型の二つが存在する珍しい種類で、寒さに強い越冬型が成虫で冬を越すのです。

　この個体は未熟な越冬型のメスでしたが、冬を越した後、次の年の夏に青色に変化して夏型を生むことでしょう。そして、夏型が、次の年の秋に越冬型を生むことで、命を繋いでいくのです。

郵便はがき

160-8791

141

東京都新宿区新宿1－10－1

㈱文芸社

愛読者カード係 行

ふりがな お名前		明治　大正 昭和　平成	年生　歳
ふりがな ご住所	□□□-□□□□	性別 男・女	
お電話 番　号	（書籍ご注文の際に必要です）	ご職業	
E-mail			
ご購読雑誌（複数可）		ご購読新聞	新聞

最近読んでおもしろかった本や今後、とりあげてほしいテーマをお教えください。

ご自分の研究成果や経験、お考え等を出版してみたいというお気持ちはありますか。

ある　　　ない　　　内容・テーマ（　　　　　　　　　　　　　　　　　）

現在完成した作品をお持ちですか。

ある　　　ない　　　ジャンル・原稿量（　　　　　　　　　　　　　　　　）

書　名								
お買上 書　店	都道 府県		市区 郡	書店名				書店
				ご購入日	年	月	日	

本書をどこでお知りになりましたか?
1.書店店頭　2.知人にすすめられて　3.インターネット(サイト名　　　　　　)
4.DMハガキ　5.広告、記事を見て(新聞、雑誌名　　　　　　　　　　　　　)

上の質問に関連して、ご購入の決め手となったのは?
1.タイトル　2.著者　3.内容　4.カバーデザイン　5.帯
その他ご自由にお書きください。
(　　　　　　　　　　　　　　　　　　　　　　　　　　　　　　　　　　)

本書についてのご意見、ご感想をお聞かせください。
①内容について

②カバー、タイトル、帯について

弊社Webサイトからもご意見、ご感想をお寄せいただけます。

ご協力ありがとうございました。
※お寄せいただいたご意見、ご感想は新聞広告等で匿名にて使わせていただくことがあります。
※お客様の個人情報は、小社からの連絡のみに使用します。社外に提供することは一切ありません。

■書籍のご注文は、お近くの書店または、ブックサービス(☎0120-29-9625)、
セブンネットショッピング(http://7net.omni7.jp/)にお申し込み下さい。

ホソミイトトンボ・未熟越冬型メス

さて……この島の自然を巡る旅も、いよいよ終着点へ辿り着きました。最後に待っていてくれたのは、冬の日本でクリスマスツリーとしてもお馴染みのモミです。

　高さが20ｍを超えるこの植物のグループは、北半球に広く分布し、日本本土では本州から九州に生育します。木の根は雨水を多量に蓄えることができ、枝には10㎝を超える実を付けます。

　こうした大木が、まず林床を豊かにします。それが動植物たちや私たち人の拠り所となり、やがて生態系を形作ります。

　命のリレーは、未来ある限り、国境を越え続いていくのです。

モミ

撮影場所：長崎県対馬市厳原町、上県町、豊玉町、美津島町
撮影期間：2019年4月30日～5月1日、9月28日～29日
撮影機材：Nikon D5100／AF-S DX NIKKOR 18-300mm f3.5-6.3

参考文献

『日本にしかいない生き物図鑑　固有種の進化と生態がわかる！』
今泉忠明監修（2014年、PHP研究所）
『野鳥』真木広造監修（1998年、永岡書店）
『小学館のフィールド・ガイドシリーズ11　日本の昆虫』
三木卓（1993年、小学館）
「BIRDER Vol.27 No.7」（2013年、文一総合出版）
「Newton Vol.3 No.4」竹内均編（1983年、教育社）

参考ホームページ

対馬グリーン・ブルーツーリズム協会
対馬市オフィシャルホームページ
対馬市観光物産協会
対馬野生生物保護センター
日本自然保護協会

<u>おわりに</u>

　あらためて、このクロス・ボーダーを巡る旅にお付き合いくださいまして、誠にありがとうございました。

　本書の制作は思い返せば、一昨年 8 月に初出版した『クロス・ワールド』の姉妹編を作りたいと考えたのがきっかけでした。

　これはあくまでも、自分なりのご案内なので、他の人から見る風景や出会う動植物たちも多分この本とは違うはずです。自分としては、実際に現地へ赴くことをオススメします！

　末筆になりますが、ご協力いただいた対馬グリーン・ブルーツーリズム協会の方々、そしてこの書籍の制作にあたってご尽力くださった皆様に厚く御礼申し上げます！

2020年 4 月　高嶋孝行

著者プロフィール

高嶋 孝行（たかしま たかゆき）

1985年7月生まれ、静岡県出身。
2008年、日本大学文理学部卒業。
2010年、洗浄機械製造会社に入社。現在は専務を務める。
2014年、日本野鳥の会沼津支部に入会。現在、調査部・担当幹事を担当。
〈著書〉
『クロス・ワールド〜奄美で出会った動植物たち〜』（2018年8月、文芸社）

クロス・ボーダー　〜対馬で出会った動植物たち〜

2020年7月15日　初版第1刷発行

著　者　　高嶋 孝行
発行者　　瓜谷 綱延
発行所　　株式会社文芸社
　　　　　〒160-0022　東京都新宿区新宿1－10－1
　　　　　　　　　　　電話　03-5369-3060（代表）
　　　　　　　　　　　　　　03-5369-2299（販売）

印刷所　　図書印刷株式会社
ISBN978-4-286-21924-0